I0070476

Conserver a ...

SUR LES PRÉPARATIONS

DE

FOUGÈRE MALE

DE LEUR EFFICACITÉ DANS LE TRAITEMENT DU TÆNIA

LETTRE A M. LE DOCTEUR CONSTANTIN PAUL

PAR

M. L. KIRN

Pharmacien à Asnières, ex-interne des hôpitaux civils de Strasbourg.

PARIS

TYPOGRAPHIE A. HENNUYER

RUE D'ARCET, 7

—

1874

Te 90/27

SUR LES PRÉPARATIONS

DE FOUGÈRE MALE

DE LEUR EFFICACITÉ CERTAINE DANS LE TRAITEMENT DU TÆNIA

LETTRE A M. LE DOCTEUR CONSTANTIN PAUL

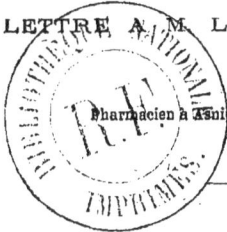

PAR M. L. KIRN

Pharmacien à Asnières, ex-interne des hôpitaux civils de Strasbourg.

MONSIEUR ET TRÈS-HONORÉ MAITRE,

Je lis dans un compte rendu de la Société de thérapeutique (séance du 10 juin 1874) :

« M. le docteur Constantin Paul provoque une courte discussion à propos d'un cas de tænia observé chez un enfant de treize mois et du traitement, qui a consisté en 3 grammes de poudre de fougère et 1 gramme d'extrait éthéré de fougère mâle. »

MM. les docteurs Delioux de Savignac, Trabost, Beaumetz et Créquy présentèrent à ce sujet quelques observations que je dois passer sous silence pour ne m'arrêter qu'à votre conclusion, qui était relatée ainsi :

« M. le docteur Constantin Paul pense que le plus simple est d'avoir recours à la fougère mâle fraîche telle qu'on la prépare à Genève. Il en a fait venir, et il a réussi à provoquer l'expulsion d'un tænia, après une nuit de coliques légères. »

Les quelques lignes qui suivent, et que je prends la respectueuse liberté de vous adresser, ont pour but de confirmer vos assertions relatives à l'efficacité de la fougère mâle à l'aide d'observations recueillies avec soin, et de faire connaître à la Société de thérapeutique les résultats obtenus en 1869 à Strasbourg par mon regretté maître M. Hepp, pharmacien en chef des hospices civils, et à Asnières par moi, depuis 1872. Je m'occupe spécialement depuis ces quelques années déjà de tout ce qui a rapport à la fougère mâle récoltée en Alsace.

Les nombreux succès dus à l'action de ce médicament, tant sur le bothriocéphale que sur les tænias, m'ont toujours moins intéressé que les cas dans lesquels il a échoué, car ceux-ci m'ont fortifié dans la conviction que c'est au peu de soins qui ont de tout temps entouré ses préparations en France qu'il faut en faire remonter la cause.

Dans ma pensée, la fougère mâle ne mérite certes pas l'oubli dans lequel elle paraît être tombée chez nous ; et je m'estimerai satisfait si je parviens à réintroduire dans la thérapeutique un médicament qui, bien préparé, donnera au praticien un résultat certain.

En terminant, qu'il me soit permis d'espérer, monsieur et très-honoré maître, que vous voudrez bien réserver à ce modeste travail un bienveillant accueil.

Je compte aussi que, si mes indications sont suivies, il vous deviendra facile de vous procurer sous peu dans Paris ce que] précédemment vous étiez obligé d'aller demander jusqu'à Genève.

Veuillez agréer, etc.

« La fougère mâle est un de nos bons vermifuges indigènes. Si elle a été négligée, c'est parce qu'elle n'a pas été administrée d'une manière convenable, ou que l'on n'a pas eu le soin de se servir de racine nouvelle et convenablement récoltée.

« Suivant Mayor (de Genève), elle n'aurait d'action assurée que sur la variété du bothriocéphale à anneaux longs ; cependant les succès obtenus en France, où ce ver est rare, par le remède de Nouffer font croire qu'elle est efficace aussi contre le tænia armé (*tænia solium*), pourvu qu'elle soit administrée convenablement. »

(Soubeiran, *Traité de pharmacie*, édit. 1863.)

Ces quelques lignes résument toute ma pensée ; aussi bien l'extrait éthéré de fougère mâle, tel qu'on le prépare en France, est-il un produit sans aucune espèce de valeur. Les soins qui doivent entourer sa préparation sont minutieux ; et ce n'est qu'en se conformant à des règles strictes que l'on pourra extraire de la fougère un médicament aussi constant dans sa forme que dans ses effets.

Ces règles, je pense pouvoir les établir dans les lignes qui vont suivre ; elles permettront au pharmacien, si celui-ci ne s'en écarte pas, d'obtenir un produit pur et d'une efficacité certaine. Je ne doute pas qu'après avoir pris connaissance des observations recueillies à ce sujet par quelques-uns des éminents professeurs de la Faculté de Nancy, le praticien ne reconnaisse que, préparé dans de telles conditions, l'extrait éthéré de fougère mâle est le meilleur et le plus puissant des tænifuges.

PREMIÈRE PARTIE.

Caractères distinctifs de la fougère. — Epoque de sa récolte. — La fougère mâle (πτερίς de Dioscoride, *polystichum, nephrodium, asplenium, polypodium filix mas*) a été ainsi nommée par les anciens à cause de la vigueur et de la fermeté de ses frondes qui se développent d'une souche forte et oblique, noirâtre au dehors, vert-pistache à l'intérieur à l'état frais, et jaunâtre à l'état sec. Les frondes, hautes de 5 à 12 décimètres, commencent à se dérouler en avril ; elles ont atteint leur évolution complète en juin pour disparaître en novembre. Elles sont pennées, à pennes nombreuses rapprochées, lancéolées ou oblongues, alternes, pennatiséquées, à segments ovales-oblongs, obtus, denticulés, chargés sur le dos de six à huit sores, arrondis, réniformes. (Kirschl, *Flore d'Alsace*, t. II.)

On substitue souvent aux rhizomes de fougère mâle ceux de l'*asplenium filix femina* et *asplenium spinulosum*, mais des caractères bien tranchés servent à les en distinguer facilement.

Les frondes de la fougère mâle sont bipennées et celles des deux autres espèces sont bi-tripennées, c'est-à-dire que les pinnules sont portées par un pétiole ternaire, à la base, tandis qu'elles s'insèrent directement sur le pétiole secondaire, au sommet.

Le caractère tiré de l'*indusium* sert à distinguer à l'instant la fougère femelle de la fougère mâle.

Dans la première espèce l'indusium est latéral, c'est-à-dire fixé sur l'un des côtés du sore et *libre le long du côté opposé*. Il est réniforme et fixé par un point central ou excentrique *à bords libres*, dans la seconde.

Ajoutons encore que la fougère femelle, quoique ressemblant beaucoup à la fougère mâle par son port élancé, est cependant plus délicate, plus finement découpée ; l'on comprend que les anciens aient cru y trouver la *femelle* du *mâle*.

Mais, si ces caractères peuvent servir à déterminer la fougère mâle sur pied, ils ne sont d'aucune utilité lorsqu'on se trouve en présence des rhizomes seuls. Ceux de la vraie fougère se distinguent par leur volume et leur aspect ; la base des frondes est longue de 2 à 5 centimètres et a une épaisseur qui varie de 1 centimètre à 1 centimètre et demi ; elle est entourée, près du point où elle part du rhizome, par quelques petites écailles soyeuses *d'un brun clair*. Les rhizomes de l'*athyrium filix femina* et de l'*athyrium spinulosum* sont plus petits et plus minces, et la base des frondes est ligneuse et sans consistance. Les écailles qui y sont implantées sont d'une nuance brun foncé.

La fougère mâle de toutes les contrées peut être employée : celle que l'on recueille dans les forêts aussi bien que celle qui provient des montagnes, pourvu que dans l'un et l'autre cas l'exposition ait permis à la plante d'acquérir son développement complet.

Cependant je dois dire que les rhizomes récoltés dans les forêts d'Alsace m'ont paru supérieurs comme rendement à ceux que l'on emploie généralement en France. En tous cas ils ne le cèdent en rien à ceux que fournissent la Suisse ou d'autres contrées plus particulièrement renommées.

Quoi qu'en ait dit Peschier (de Genève), qui prépare un extrait éthéré avec les bourgeons de fougère recueillis au printemps (*baume de fougère, extrait oléo-résineux de fougère*), je pense, moi, que l'emploi des rhizomes sera toujours préférable : il est hors de doute que dans ceux-ci seuls, convenablement récoltés, se trouvent également répartis tous les principes actifs que contient la plante.

Récolte. — Un point à considérer, c'est l'époque à laquelle on devra récolter la fougère. Peschier prétend que cette opération doit se faire au commencement de l'été; Soubeiran conseille, au contraire, d'attendre l'hiver. Il en est cependant de la plante qui nous occupe comme de tant d'autres, dans lesquelles il n'est pas possible de rencontrer, à une certaine partie de l'année, les principes qui y seront contenus à une époque plus ou moins avancée.

Pour moi, le moment où apparaissent les organes de fructification me paraît être celui de la récolte, parce qu'alors seulement la plante peut être considérée comme arrivée à un degré de maturité complète.

On recueillera donc les rhizomes de fougère mâle aux mois de juillet, d'août et de septembre. Les principes actifs contenus dans les souches diminueront avec la disparition des frondes ; au mois de décembre, la plante sera devenue complétement impropre à l'usage médical.

Je me résume ainsi :

1° Employer les rhizomes de fougère mâle distingués avec soin de ceux des autres espèces : *asplenium filix femina, asplenium spinulosum;*

2° Se servir de préférence de ceux provenant d'Alsace comme donnant un produit plus aromatique et un rendement supérieur;

3° Les récolter en juillet, août et septembre.

Poudre de fougère mâle. — Nous voici fixés au sujet de l'espèce de fougère à employer ainsi que de l'époque à laquelle on devra se la procurer fraîche et contenant les principes auxquels elle doit ses propriétés. Nous entrons maintenant dans la phase des opérations destinées à la transformer en médicament. Commençons par la poudre, qui nous servira, elle, à préparer l'extrait.

Soubeiran (*Traité de pharmacie*) dit que la poudre de fougère mâle est verte, d'une saveur astringente, d'une odeur aromatique, mais il a soin en même temps de décrire les précautions à prendre pour obtenir une poudre de cette nature. Je ne crois pas qu'on suive généralement les conseils qu'il donne à cet égard, car la poudre qu'on trouve en pharmacie n'est jamais verte et encore moins aromatique.

Je voudrais cependant que mes confrères fussent persuadés que c'est à l'emploi d'une poudre bien ou mal préparée qu'est subordonnée l'efficacité du médicament.

Il sera indispensable, pour obtenir une poudre verte, de rejeter absolument toutes les parties du rhizome que leur couleur indiquera comme trop anciennes ou ayant déjà subi un commencement d'altération ; tout au plus pourra-t-on se servir des pétioles élargis des frondes qui auront conservé leur couleur vert-pistache. Ces précautions prises, on enlèvera à l'aide d'un couteau les écailles foliacées qui entourent la base des frondes, ainsi que les parties noirâtres du rhizome ; puis on fera sécher, *à une température qui ne pourra pas dépasser* 40 *degrés*, les matières premières qui devront servir à préparer l'extrait.

On ne saurait assez insister sur ce point important. La fougère séchée à une température plus élevée perd une partie de son huile essentielle en même temps qu'elle devient brunâtre, et par conséquent impropre à tout usage médicinal. On comprend aisément que les conditions de succès se trouvent compromises si l'on emploie dans une préparation délicate un agent qui a perdu d'avance la majeure partie de ses propriétés.

Lorsque la dessiccation sera complète (six à huit jours environ), il ne restera plus qu'à réduire les rhizomes en une poudre qui prendra une belle teinte verte. Une dernière précaution consistera à renfermer cette poudre dans des vases hermétiquement clos et à placer ceux-ci à l'abri de la lumière et de l'humidité. A la longue, la poudre de fougère change de couleur ; elle brunit en même temps qu'elle perd son arome pour ne conserver qu'une odeur nauséeuse. Il est inutile, je pense, d'ajouter qu'à ce moment elle ne doit plus être employée.

Extrait éthéré de fougère mâle. — « Le rhizome de fougère mâle renferme une matière oléo-résineuse, que l'on en retire par l'éther. Telle qu'on la trouve généralement en France, cette matière, connue sous le nom d'*huile éthérée de fougère mâle,* est épaisse, noire ou brune, d'une odeur et d'une saveur très-désagréables et d'une inertie à peu près complète. Celle que l'on prépare à Genève est au contraire le plus souvent verte, très-aromatique et d'une grande efficacité. » (Cauvet, *Histoire naturelle médicale*, t. I.)

Voici comment doit se préparer l'extrait de fougère mâle :

On introduit une certaine quantité de poudre, obtenue comme je viens de l'indiquer (1 partie pour 3 d'éther environ), dans un appareil à déplacement servant pour les teintures éthérées et connu sous le nom d'*appareil de Guibourt*.

On épuise cette poudre avec de l'éther absolu d'une densité de 0,720 à 15 degrés, complétement privé d'alcool et d'eau. On distille les liqueurs obtenues en prenant les précautions d'usage, et le résidu est porté au bain-marie pour y être évaporé jusqu'à ce qu'il ait perdu toute trace d'éther.

L'extrait que l'on obtiendra en suivant ces indications aura la consistance d'une huile épaisse d'une couleur *vert foncé*. Il aura une odeur fortement aromatique et tout à fait caractéristique. Ce sera là l'extrait vraiment officinal, le seul dont les effets seront constants *et qui ne différera en rien de celui qu'on prépare à Genève.*

Le rendement sera de 9,5 à 10,5 pour 100.

Si, d'un autre côté, on a opéré d'après le Codex, par exemple, n'ayant aucune indication précise, on se servira, comme on le fait toujours, d'éther du commerce à 0,756 de densité, qui donnera un extrait d'une couleur *brune d'une consistance poisseuse*, presque dépourvu de l'odeur aromatique *sui generis* qui caractérise le premier produit et d'une efficacité douteuse.

Le rendement, dans ce cas, sera augmenté d'une façon sensible et pourra s'élever *jusqu'à 17 pour 100.*

Voilà l'extrait que l'on trouve aujourd'hui dans les pharmacies. Croit-on qu'une comparaison soit possible, et ne tombe-t-il pas sous le sens que la première préparation, entourée de tous les soins décrits, aura une valeur incontestable que l'on chercherait vainement dans la seconde ?

Disons encore que la différence de rendement n'a pour cause que la pureté de l'éther employé dans le premier cas. En effet, en se servant d'éther ordinaire d'une densité de 0,756, qui contient de l'eau et de l'alcool, les matières gommeuses et résinoïdes contenues dans la fougère sont dissoutes et entrent dans la composition du produit sans rien ajouter à sa valeur, puisque le principe tænifuge réside dans le mélange d'huile grasse et d'huile volatile solubles dans l'éther seulement.

L'extrait obtenu, on prendra les précautions déjà recommandées pour la poudre : on le renfermera dans des flacons exactement bouchés à l'émeri et recouverts de baudruche ; on les tiendra dans un endroit frais.

Au bout de quelque temps, on remarquera que le produit s'est séparé en deux couches distinctes. A la partie supérieure du flacon surnagera une huile verte très-liquide, tandis qu'au fond on trouvera un dépôt brun très-épais. Nous ne nous arrêterons pas aux éléments constitutifs de ces deux produits distincts l'un de l'autre ; notons seulement que les analyses de Luck, de Mayor de (Genève) et de Morin (de Rouen) nous apprennent que la partie fluide contient : huile volatile, huile grasse, principe colorant vert.

La filicine de Trommsdorf ou acide filicique de Luck constitue la partie épaisse joint aux acides gallique, acétique, tannique, à de l'amidon, etc.

Ce qu'il nous importe de savoir, c'est qu'isolé aucun des deux produits n'a d'action, et que dans le mélange intime seul de ces divers principes réside la propriété tænifuge.

Tous les auteurs sont d'ailleurs d'accord sur ce point, que l'expérience n'a pas démenti.

Il faudra donc avoir soin de bien agiter le flacon contenant l'extrait éthéré de fougère mâle chaque fois que l'on sera appelé à s'en servir.

DEUXIÈME PARTIE.

Considérations sur les divers tænifuges. — *Mode d'administration de l'extrait éthéré de fougère mâle.* — Maintenant que nous avons donné les renseignements nécessaires pour arriver à obtenir une préparation constante dans sa forme, qu'il nous soit permis d'ajouter quelques mots sur le mode d'administration du médicament et sur les effets que l'on sera en droit d'en attendre.

Les ténifuges cités encore dans quelques auteurs ne sont plus guère en usage de nos jours : je veux parler des remèdes composés de Bremser, de Matthieu, etc., qui consistaient à faire usage pendant plusieurs jours de suite, et en alternant, d'électuaires vermifuges et de poudres purgatives.

Le tænifuge de Schmidt mérite cependant une mention spéciale pour la singularité des moyens employés. Le premier jour, on prenait par cuillerées de deux en deux heures une potion purgative ; on observait une diète à peu près complète pendant la journée et le soir on mangeait une salade composée de hareng, de jambon cru haché, d'oignon, d'huile et de sucre en abondance. Le lendemain on faisait prendre au malade, toutes les heures, dix pilules dans la confection desquelles entraient plus de douze substances ; une demi-heure après la première dose de pilules on donnait une cuillerée d'huile de ricin, et dans la journée du café bien sucré. Malgré tout cela, ou plutôt à cause de tout cela, le ver n'était pas toujours expulsé. (Dorvault, *Officine*, édit. 1867.)

Les tænifuges qui aujourd'hui peuvent entrer en ligne avec la fougère mâle sont : le kousso, le saoria, le kamala, le tatzé, etc., toutes plantes originaires d'Abyssinie, et enfin, sans compter les semences de citrouille, l'écorce fraîche ou sèche de racine de grenadier. Je ne parlerai pas de leur valeur parfaitement contestable et si souvent contestée, mais je veux m'arrêter à leur mode d'administration et prouver que, de ce côté encore, la fougère mâle doit être employée de préférence.

L'écorce de racine de grenadier se fait bouillir à raison de 64 grammes par 750 grammes d'eau pour faire réduire à 500 grammes (Dorvault, *loc. cit.*). Cette quantité de liquide doit être prise en trois fois : d'une amertume repoussante, ce médicament est désagréable à avaler et difficile à supporter. Il cause souvent de la diarrhée, des vomissements et parfois des accidents plus graves (Soubeiran, *Traité de pharmacie*, t. I). Ajoutons encore, point essentiel, qu'il n'est pas rare de le voir manquer son effet.

Quant aux plantes originaires d'Abyssinie, celle qui paraît jouir de la plus grande faveur, c'est le kousso, quoique les semences de saoria lui soient de beaucoup préférables comme efficacité (Soubeiran, *loc. cit.*). Le kousso, tel qu'on doit le prendre, constitue, à mon avis, le médicament le plus répugnant qui soit connu. Il s'agit, en effet, de délayer 15, 20, quelquefois 30 grammes de poudre de fleurs de kousso dans un verre d'eau tiède, et de boire ce breuvage nauséabond en une fois. Vomissements, coliques, effet incertain comme ci-dessus. J'en appelle à tous les malades qui ont eu recours à cet agent une première fois, pour savoir si un seul a eu l'horrible courage de recommencer l'expérience. Les semences de saoria, quoique d'une ingestion plus facile, exigent cependant encore une forte dose de bonne volonté de la part du malade, car on conseille de prendre environ 40 grammes de ce médicament dans une purée de pois ou de lentilles, et tous les estomacs ne sont pas faits pour accepter sans protestation, le matin à jeun, un mets de cette nature.

Pour le kamala, on suit la même méthode que pour le kousso. Enfin, qu'on veuille bien ne pas oublier que, dans l'emploi de ce divers tænifuges, une quantité plus ou moins forte d'huile de ricin est toujours nécessaire, ce qui ajoute encore à la répulsion toute naturelle des personnes qui seraient tentées d'y avoir recours.

L'extrait éthéré de fougère mâle que nous préparons peut se prescrire à la dose de 2ᵍ,5 à 3ᵍ, 5 pour les enfants ; chez les adultes, la dose sera de 6 grammes et pourra être portée à 8 grammes sans inconvénient ni danger.

La meilleure manière d'administrer le médicament consistera à mélanger à 6 grammes d'extrait éthéré, par exemple, une égale quantité de poudre de fougère fraîche, et à diviser la masse en bols allongés de 1 gramme environ, que l'on entourera d'une mince couche de gélatine.

Sans préparation aucune, sans diète lactée, sans régime spécial, la veille, le malade prendra le matin à jeun deux de ces capsules de cinq en cinq minutes ; quelques heures (deux ou trois) après l'ingestion des dernières, il rendra le ver *sans coliques ni tranchées* dans une des selles plus ou moins nombreuses produites par l'effet du médicament. Ce n'est que dans des cas excessivement rares que l'on sera obligé d'avoir recours à un purgatif pour venir en aide au tænifuge.

La fougère mâle ainsi présentée sera prise sans aucune difficulté par les personnes des deux sexes, voire même par les enfants. *Son innocuité sera parfaite ; dans aucun cas son ingestion ne sera suivie de vomissements ou de symptômes gastriques plus graves.*

Il suffira, je pense, d'avoir relaté la répugnance presque insurmontable éprouvée par les malades qui ont fait usage des tænifuges exotiques, les accidents qui souvent accompagnent leur ingestion, leur efficacité incertaine dans beaucoup de cas, pour convaincre les personnes sans parti pris de la supériorité incontestable des préparations de fougère mâle.

Je ne suis pas le premier à venir tenter un effort dans le but de réintroduire dans la thérapeutique un médicament injustement tombé dans l'oubli. Avant moi, et d'après les conseils de notre regretté maître M. Hepp, mon savant ami le docteur Jobert avait choisi comme sujet de sa thèse inaugurale (Strasbourg, 1869) : *De l'étiologie du tænia médiocanellata : de l'efficacité des préparations de fougère mâle dans le traitement des tænias.*

Je remercie mon ancien collègue aux hôpitaux de Strasbourg de m'avoir permis de reprendre le même sujet en le développant au point de vue pharmaceutique, que lui n'avait fait qu'effleurer.

Pour terminer, je ne pourrai mieux faire que de reproduire,

comme preuves à l'appui de ce que j'ai avancé, les observations recueillies à Strasbourg en 1869, par les soins de notre pharmacien en chef et de quelques-uns des éminents professeurs de la Faculté de médecine d'alors : je veux parler de MM. les professeurs Hirtz, membre de l'Académie de médecine ; Feltz, Gross, etc., aujourd'hui professeurs à Nancy.

Je ferai suivre ces observations de celles qui me sont personnelles. Depuis que je suis fixé à Asnières (1872), l'extrait éthéré de fougère mâle que je prépare a été expérimenté plusieurs fois sous les bienveillants auspices de MM. les docteurs A. Bastin et E. Marchal, et les résultats obtenus m'ont déterminé à publier au sujet de cette préparation les quelques indications essentielles que mes confrères s'empresseront de suivre, s'ils sont désireux d'obtenir un produit pur et d'une efficacité certaine dans le traitement du bothriocéphale, comme dans celui des TÆNIAS *solium* (Strasbourg) et *mediocanellata*.

OBSERVATIONS RECUEILLIES A L'HOPITAL CIVIL DE STRASBOURG [1]

Obs. X (communiquée par M. le docteur Feltz ✠, professeur à la Faculté de médecine de Nancy). — M. X..., âgé de cinquante-cinq ans, se plaignait depuis quelque temps de gastralgies et de diarrhées ; M. Feltz ne tarda pas, en examinant les selles, à reconnaître, comme cause de ces symptômes, la présence d'un tænia. On administra, une première fois, 4 grammes d'extrait éthéré de fougère ; un ruban assez long, présentant une extrémité très-effilée, fut rendu dans les selles, mais la tête ne fut pas retrouvée.

Un mois après, de nouveaux articles furent rejetés ; nouvelle administration de 6 grammes d'extrait. Cette fois le corps du ver et sa tête, séparée au niveau du col, furent retrouvés (médiocanellata).

Depuis lors, M. X... n'a plus eu à se plaindre de ses troubles gastriques ; le parasite ne s'est plus révélé en aucune façon.

Obs. XIV (communiquée par M. le docteur Gross, aujourd'hui chef de clinique chirurgicale à la Faculté de Nancy). — M. A. W..., architecte, trente-six ans, de Strasbourg, depuis deux ans s'aperçoit qu'il rendait des articles. Le 3 octobre, ingestion de 12 capsules|d'extrait de fougère, le matin à cinq heures. Pas de nausées ni coliques. Tout

---

[1] Dr J.-B. Jobert, *Thèse inaugurale* (Strasbourg, 1869).

d'abord cinq selles blanches ; à onze heures un quart, dans une selle, 3 mètres de ruban sont rendus ; quelques selles consécutives renferment des fragments d'anneaux.

La tête ne fut pas retrouvée ; mais une portion très-effilée terminait l'un des fragments expulsés ; depuis ce temps le malade n'a ressenti aucun symptôme et n'a pas remarqué la présence d'anneaux dans ses selles.

N. B. On ne peut encore conclure à la guérison ; cependant, quoique le délai de trois mois ne soit pas écoulé, il est permis, par analogie avec les autres cas semblables, d'affirmer qu'il n'y aura pas récidive ; car le malade aujourd'hui (fin novembre) n'a encore rien ressenti et n'a pas constaté l'existence d'anneaux dans les selles.

Obs. XV (transmise par M. Bavoux, pharmacien à Haguenau, 11 novembre 1869).

« Je vous remercie de vos excellents renseignements sur l'huile éthérée de fougère, et comme vous tenez à réhabiliter ce produit indigène, un peu trop délaissé, vous me permettrez de vous annoncer que le tænia a été expulsé complétement. Il va sans dire que la tête est aussi partie.

« Ainsi, succès complet avec 2 grammes d'extrait dont j'ai fait une masse pilulaire légère que j'ai divisée en 12 parties.

« J'ai renfermé chacune de celles-ci dans une capsule de gélatine ; elles ont été administrées de dix en dix minutes par 2 capsules à la fois. Le tænia a été rendu trois heures après l'ingestion de la dernière capsule, sans que la jeune fille eût pris de l'huile de ricin, comme on le recommande généralement.

« La fougère employée pour préparer l'extrait venait de la forêt de Haguenau. »

Dans une seconde lettre, M. Bavoux nous fit savoir que la tête du tænia n'était pas armée de crochets et présentait quatre ventouses. Il nous en fit même un croquis et nous n'eûmes pas de peine à reconnaître le tænia médiocanellata.

Obs. XVI (communiquée par M. X..., interne en pharmacie). — Chrétien W..., né à Wolfach (grand-duché de Bade), âgé de six ans, d'une constitution lymphatique.

Il y a dix mois, après un léger purgatif, ses parents s'aperçoivent de la présence d'anneaux de tænia dans ses selles. Administration, à deux reprises différentes, de la décoction de racines de grenadier, sans résultat. On abandonne tout traitement jusqu'au 18 septembre

1869, où, grâce à la présence d'un élève en médecine de la Faculté de Strasbourg, on a recours à l'extrait éthéré de fougère mâle.

On met l'enfant à la diète pendant vingt-quatre heures. Le 20 septembre on fait prendre :

> Extrait éthéré de fougère mâle. . . . . **4 gr.**
> Poudre de fougère. . . . . **4 »**

Même dose en 14 capsules.

On en administre une toutes les cinq minutes ; pas de coliques. Deux heures après on administre 30 grammes d'huile de ricin. Selles abondantes amenant l'évacuation d'un tænia médiocanellata mesurant 15 mètres environ. La tête du ver est facilement reconnue (tænia médiocanellata).

L'enfant, fatigué par l'abondance des selles, ne tarde pas à se remettre et se porte fort bien maintenant.

Obs. XVII (communiquée par M. le professeur Hirtz ✻, membre de l'Académie de médecine). — H. Sch..., âgé de huit ans, est un petit garçon blond, lymphatique ; soumis assez longtemps au régime de la viande crue pour fortifier sa constitution, il rendit au bout de quelque temps des fragments de tænia. Traité d'abord dans son pays par la décoction de racines de grenadier, plus tard par la poudre de fougère, chaque fois il rendit de grandes portions de tænia, paraissait guéri et bientôt ne tardait pas à expulser, dans ses selles, de nouveaux fragments du parasite. Nous invitâmes la mère à nous amener l'enfant, et sous nos yeux, au milieu de pleurs et de résistances, l'enfant prit le médicament (4 grammes) sous la forme et suivant les indications prescrites. Dès le soir même, l'enfant rendit un peloton de ver d'environ 3 mètres, au milieu duquel on retrouva la tête.

Deux ans se sont passés depuis, sans que la moindre trace de tænia ait apparu ; le petit garçon se porte parfaitement bien.

Obs. XVIII (donnée par M. le professeur Hirtz en novembre 1869). — X..., garde-frein au chemin de fer, quarante ans. Tænia depuis le mois de mai. Dose ordinaire (6 grammes d'extrait en 12 capsules). Expulsion d'un morceau de ver de 10 mètres qui présente à une extrémité une portion très-effilée du col, cependant pas de tête. L'examen des anneaux nous permet de reconnaître un tænia médiocanellata.

Le 23 novembre, nouvelle dose, rien dans les selles. On ne peut pas encore conclure, il faut suivre le malade et voir si dans trois mois il y aura récidive.

(Les deux observations suivantes sont dues à l'obligeance de M. le professeur agrégé Heldt.)

Obs. XXI. — Enfant de trois ans et demi, d'une constitution chétive, lymphatique, traité au Brésil avec différents tænifuges indigènes, sans succès. Prend le matin de bonne heure 3 grammes d'extrait éthéré de fougère ; pas d'indisposition consécutive ; à la première selle, départ d'un tænia médiocanellata.

Il était amaigri à cette époque, depuis il a engraissé rapidement.

Obs. XXII (1868). — Garçon de café adulte, âgé de vingt ans, habitant Strasbourg. Présence d'un tænia constatée ; administration de la dose ordinaire, 6 grammes ; le tænia est parti avant midi avec accompagnement de la tête (médiocanellata) ; légères nausées, pas de vomissements, pas de coliques ; selles faciles.

N. B. M. le professeur Heldt nous avertit qu'il mettait ses malades, vingt-quatre heures avant l'administration de la fougère, au régime du lait.

Obs. XXIII (donnée par M. le professeur agrégé Jœssel). — M. X..., trente-trois ans, soumis au régime exclusif de la viande de bœuf saignante, s'aperçut, le 20 novembre 1869, de la présence d'anneaux dans ses selles. Il consulta M. le professeur agrégé Jœssel, qui lui prescrivit une dose de 6 grammes d'extrait éthéré.

La dose fut prise à sept heures du matin ; à dix heures, dans une troisième selle facile, sans avoir éprouvé ni nausées, ni coliques, le malade rendit 5 à 6 mètres de ruban d'un tænia.

La tête ne fut pas retrouvée ; d'après la forme, la couleur des anneaux et la configuration des ovaires, le tænia est reconnu pour être un médiocanellata.

N. B. C'est le malade qui recueillit lui-même de ses déjections les fragments du ver.

OBSERVATIONS PERSONNELLES

Observation I. — M. W... er, quarante ans, d'une santé robuste, me fut adressé, il y a environ dix-huit mois, par M. le docteur Bastin. Etiologie du ver très-obscure. Départ fréquent d'anneaux dans les selles. Je fais prendre au malade 12 capsules composées de 6 grammes d'extrait et 6 grammes de poudre de fougère mâle ; mais, soit que la dose fût insuffisante, eu égard à la constitution de M. W..., soit que celui-ci se

fût écarté des règles à suivre pour l'ingestion, le médicament ne pro-
voqua que deux ou trois selles légères dans lesquelles de volumineux
fragments de tænia furent retrouvés. Absence complète de la tête. Je pré-
vins le malade que, l'action du tænifuge n'ayant pas été assez énergique,
il ne devait pas se considérer comme débarrassé du parasite.

En effet, six semaines après, réapparition d'anneaux dans les selles.
Je fais prendre cette fois 8 grammes d'extrait mélangés avec 6 grammes
de poudre à sept heures du matin : sans nausées ni coliques, à midi,
le ver est rendu avec la tête (*T. solium*).

Depuis cette époque (novembre 1872), M. W..., qui habite toujours
Asnières, a conservé l'habitude d'aller de temps à autre à la garde-robe
sur une chaise percée, et n'a pas eu à constater de récidive. Guérison
complète.

Obs. II. — Mme G... habitait Asnières en décembre 1872. D'une constitution délicate, elle avait dû faire usage de viandes saignantes pendant de longues années, et, à tort ou à raison, elle faisait remonter au
commencement de ce régime les premiers symptômes qui lui avaient
indiqué l'existence du ver solitaire. S'étant aperçue un jour de la présence dans ses selles de corps blancs de forme particulière, elle en parla
à son médecin, qui reconnut les anneaux du tænia, et prescrivit à
Mme G... un apozème de kousso. Vomissements. Le médicament ne
réussit pas: quelques semaines après les mêmes symptômes reparurent.
Mme G... consentit alors, d'après les conseils de M. le docteur Bastin, à
faire usage de l'extrait éthéré de fougère mâle que je prépare; pris le
matin dès la première heure, le tænifuge agit avec vigueur, car trois
heures après la malade rendit un ver pelotonné en une masse où l'on
constata la présence de la tête (*T. mediocanellata*).

Pas de récidive: Mme G..., qui m'avait promis de me donner de ses
nouvelles dans le cas de réapparition de zoonites dans ses selles, ne m'a
jamais rien fait savoir depuis son départ.

Obs. III (communiquée par M. le docteur Bastin ✿). — M. de R...,
trente-six ans, inspecteur, éprouvait, depuis deux ans, des malaises qu'il
ne savait à quelle cause attribuer et qu'il avait beaucoup de peine à
définir. Son caractère s'était singulièrement assombri, et il n'avait pas
encore jugé à propos de recourir aux conseils d'un praticien, quand un
jour il s'aperçut du départ d'un anneau de tænia qu'il recueillit et fit
voir à son médecin à Paris. Celui-ci prescrivit un traitement térében-
thiné qui ne fut suivi d'aucun résultat. Pendant un an ou dix-huit mois,
M. de R... continua à perdre chaque jour quelques fragments de tænia de

3 à 4 centimètres de longueur. Ce n'est qu'au bout de ce temps qu'il me parla, pour la première fois, de ce fait quelque peu singulier, et je prescrivis de suite le traitement de M. Kirn. Dès la première dose, M. de R... rendit un tænia qui mesurait environ 15 mètres de longueur.

Le ver fut jeté sans que j'aie pu y constater la présence de la tête ; cependant la certitude du résultat ne peut faire aucun doute, attendu que depuis plus d'un an le malade n'a jamais plus ressenti aucun symptôme subjectif de la présence du ver.

M. de R... se porte aujourd'hui fort bien, et a retrouvé sa bonne humeur. (Septembre 1873.)

Obs. IV. — Je consigne ici les déclarations d'une malade à laquelle M. le docteur Marchal avait bien voulu prescrire les capsules tænifuges.

Marie B...in, vingt-quatre ans, chez Mme M..., à Asnières, ressentit, il y a dix-huit mois, les premiers symptômes indiquant la présence du tænia. Il y a deux mois environ, elle en parla à son médecin, qui prescrivit quatorze capsules contenant chacune 25 centigrammes d'extrait et 25 centigrammes de poudre de fougère mâle fraîche. La malade prit cette dose de la manière habituelle, et rendit quatre heures après un tænia volumineux. Le ver ne m'ayant pas été apporté, j'ignore si la tête s'y trouvait ; mais je dois ajouter qu'il ne peut y avoir aucun doute sur la guérison, le délai assigné pour constater la récidive étant déjà passé. (Juin 1874.)

Obs. V. — M. Ulrich Lew..., vingt-huit ans, demeurant à Asnières, dessinateur, constate depuis six mois la présence d'anneaux du tænia dans ses selles. En juillet 1874, sa femme vient me parler de ce fait et me demande si je ne consentirais pas à débarrasser son mari du parasite qui l'incommode. Je lui délivre aussitôt la préparation de fougère mâle divisée en 14 capsules qu'elle fait prendre à son mari le matin à jeun par deux capsules de cinq en cinq minutes. Au bout de trois heures, croyant que le médicament n'agirait pas, M. Lew... s'administre 45 grammes d'huile de ricin qui favorisent l'expulsion d'un tænia mesurant près de 10 mètres.

De l'aveu même du malade, le ver n'a pas été recueilli avec assez de soin pour que le scolex n'ait pas pu passer inaperçu. Quoi qu'il en soit, aujourd'hui (septembre 1874), le malade se porte à merveille et n'a pas eu à constater jusqu'ici la présence d'anneaux dans ses selles.

Le délai étant passé, il est permis cette fois encore de conclure à la guérison.

Un fait qui frappera certainement le lecteur, c'est que dans presque tous les cas relatés le médicament a réussi dès la première fois où il a été administré. Un autre fait encore digne de remarque, c'est que l'extrait éthéré de fougère mâle n'a jamais donné lieu pendant ou après son administration à aucun des accidents que je signalais à la suite de l'emploi de l'écorce de grenadier et du kousso.

Les malades que j'ai vus m'ont tous affirmé n'avoir ressenti ni coliques ni nausées; quelques-uns seuls ont éprouvé un peu de fatigue consécutive; mais au bout d'un jour ou deux ils ont retrouvé leurs forces et jouissent actuellement de la plus parfaite santé.

L'innocuité du tænifuge que je préconise est donc parfaitement établie.

Et maintenant, qu'il me soit permis d'exprimer un désir qui me servira de conclusion : c'est qu'après avoir donné les indications nécessaires pour extraire de la fougère un produit pur et efficace, on voudra bien reconnaître que le monopole de la préparation de l'extrait éthéré ne doit pas rester à Genève et qu'en France il va devenir possible de faire sinon mieux, du moins tout aussi bien.

L. KIRN,

Pharmacien à Asnières, ex-interne des hôpitaux civils
de Strasbourg.

Au dernier moment, je reçois une nouvelle attestation qui, mieux que toutes les autres, prouvera l'efficacité du médicament dont je viens de parler.

Je copie textuellement :

Paris, 11 septembre 1874.

MONSIEUR,

Aujourd'hui, à quatre heures, j'ai rendu le ver solitaire en entier. Le docteur Jobert a constaté la présence de la tête. Recevez mes sincères compliments pour le succès que j'ai obtenu par suite du médicament dont j'ai fait usage. Je suis tout prêt à vous délivrer telle attestation constatant que c'est à la *dixième fois* seulement, après avoir employé tous les tænifuges connus, que j'ai réussi à l'aide d'une seule dose de vos capsules.

Recevez, monsieur, etc.

J. C.....AT,

Paris, boulevard Poissonnière, 14.

Paris. — Typographie A. Hennuyer, rue d'Arcet, 7.

www.ingramcontent.com/pod-product-compliance
Lightning Source LLC
Chambersburg PA
CBHW050500210326
41520CB00019B/6286